数学小天才的一年级预备课

分数

[美] 约瑟夫·米森　文

[美] 萨缪·希提　　图

仇韵舒　译

文汇出版社

目 录

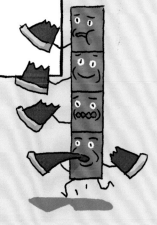

第1课　什么是分数

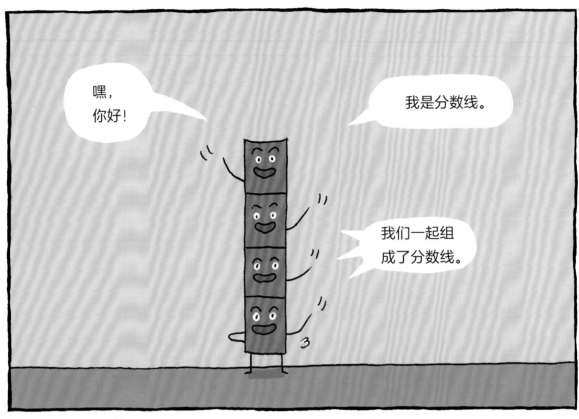

整体可以是一个物体，比如这个圆。

整体也可以是一组东西的一部分，比如这几支蜡笔。

例子还多着呢。

看看我们还能学到什么。

第2课 分数的书写

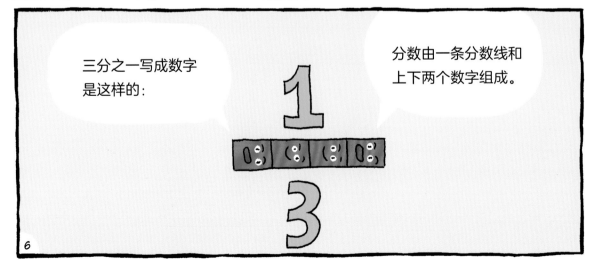

分数线上面的数字叫分子。

它告诉你，这占了整体的几个部分。

分数线下面的数字叫分母。

它告诉你，整体一共被分成了几个部分。

长方形的三分之一，就是把长方形平均分成三份之后，

取其中的一小块。

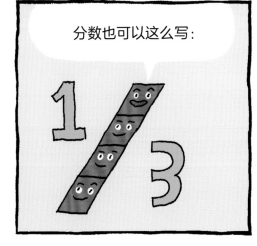

分数也可以这么写：

只要用分数线清楚地隔开分子和分母就可以啦。

恭喜你认识了分数，休息一下再继续。

第3课　几分之一

世界上有各种各样的分数，数不胜数。

来看看最常见的几个吧。

这儿有一个正方形。

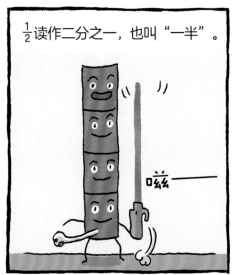

$\frac{1}{2}$ 读作二分之一，也叫"一半"。

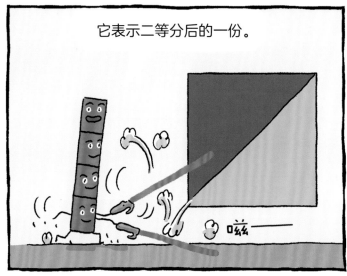

它表示二等分后的一份。

呀！

一个圆！

抓住它。

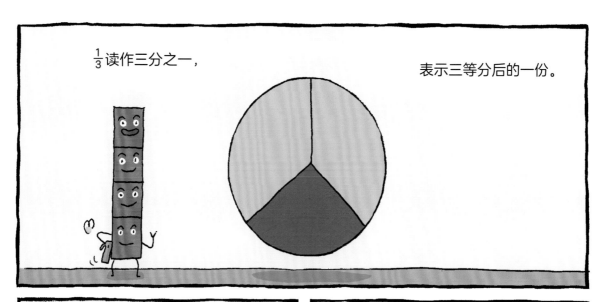

$\frac{1}{3}$ 读作三分之一，

表示三等分后的一份。

哇，一个三角形！

$\frac{1}{4}$ 读作四分之一，

表示四等分后的一份。

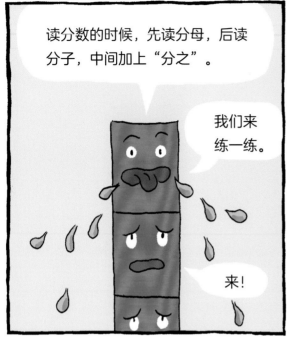

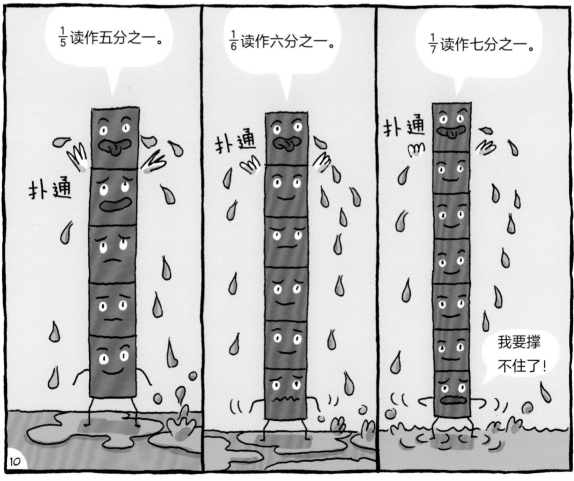

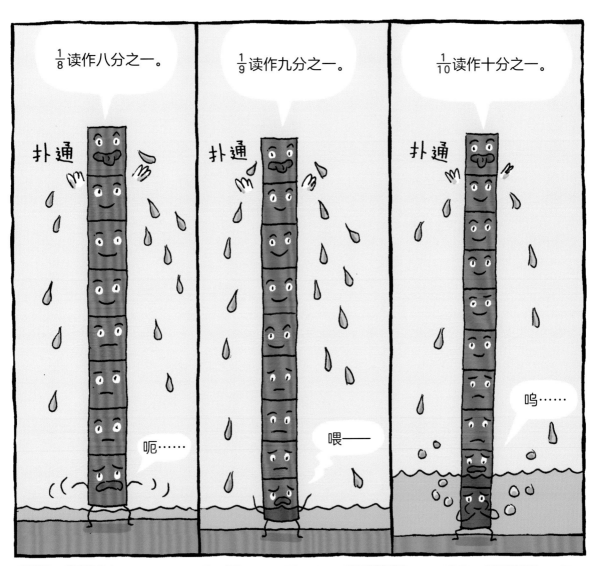

真棒！念了这么多分数，嘴巴要休息一下了。

第4课　数字线上的分数

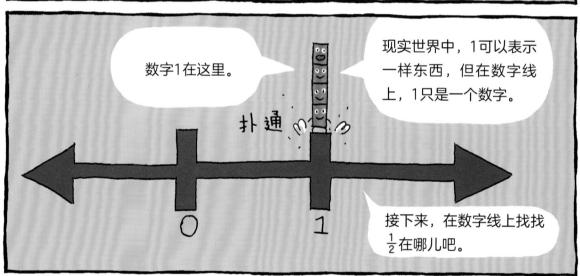

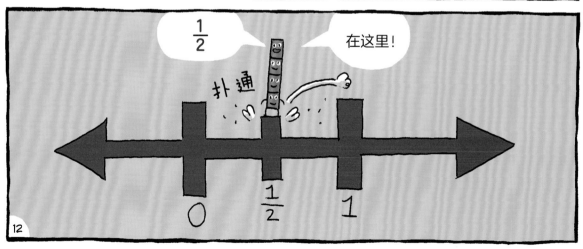

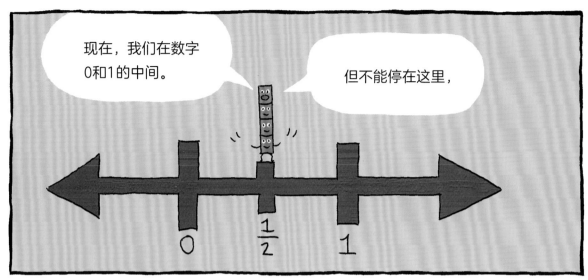

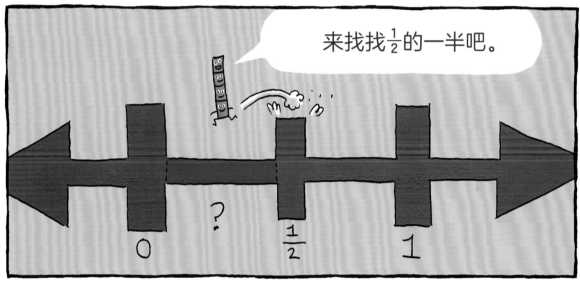

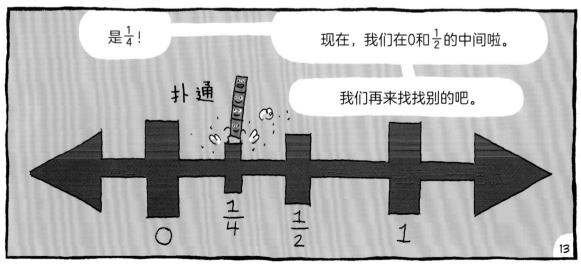

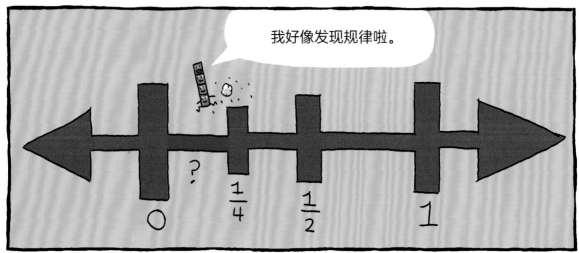

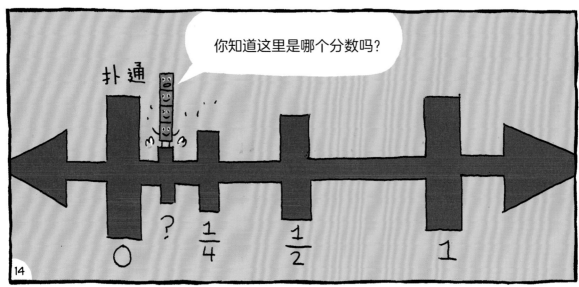

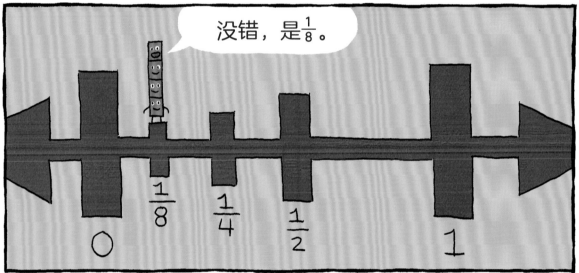

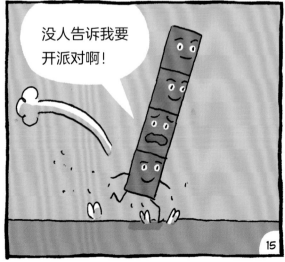

数字线上学分数，简单又好懂。休息一下吧。

第5课 几分之几

17

第6课　生活中的分数

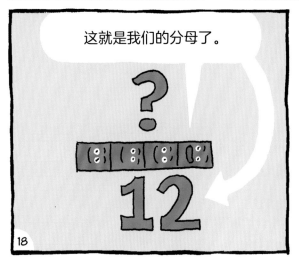

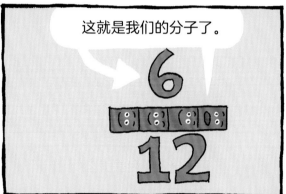

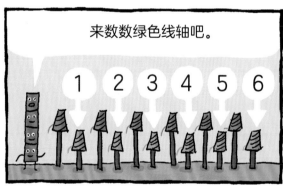

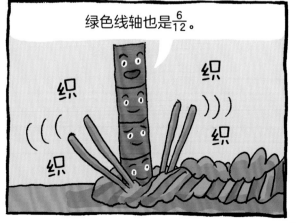

恭喜你掌握了多种多样的分数，休息一下再继续。

第7课 相等的分数

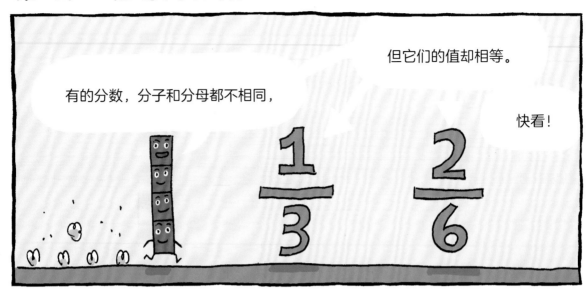

但它们的值却相等。

有的分数，分子和分母都不相同，

快看！

$\frac{1}{3}$

$\frac{2}{6}$

这个长方形被平均分成了3份。

这是长方形的 $\frac{1}{3}$。

现在，再把这个长方形平均分成6份。

这就是长方形的 $\frac{2}{6}$。

发现了吗？

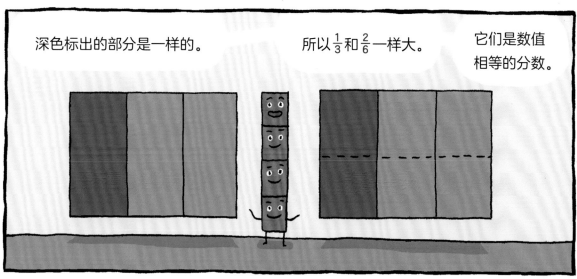

深色标出的部分是一样的。   所以 $\frac{1}{3}$ 和 $\frac{2}{6}$ 一样大。   它们是数值相等的分数。

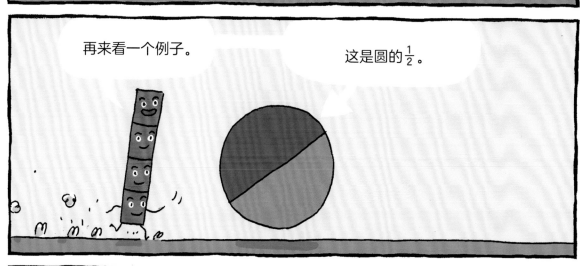

再来看一个例子。   这是圆的 $\frac{1}{2}$ 。

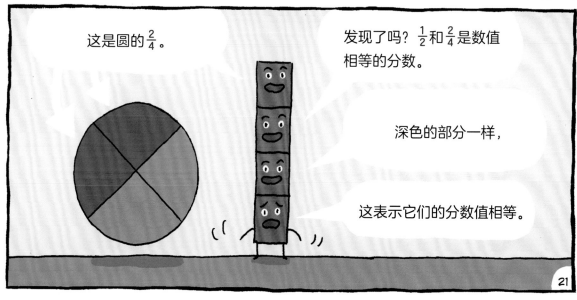

这是圆的 $\frac{2}{4}$ 。   发现了吗？ $\frac{1}{2}$ 和 $\frac{2}{4}$ 是数值相等的分数。

深色的部分一样，

这表示它们的分数值相等。

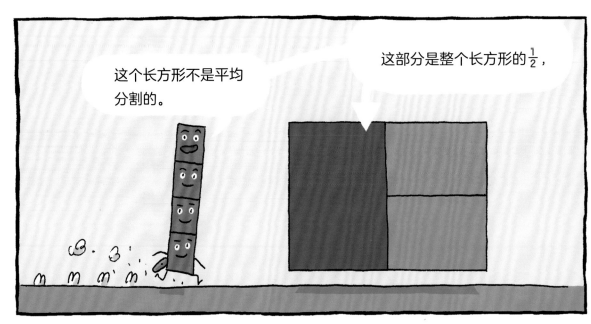

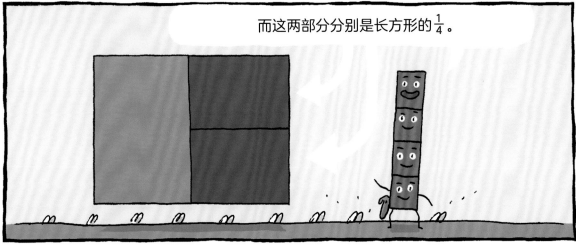

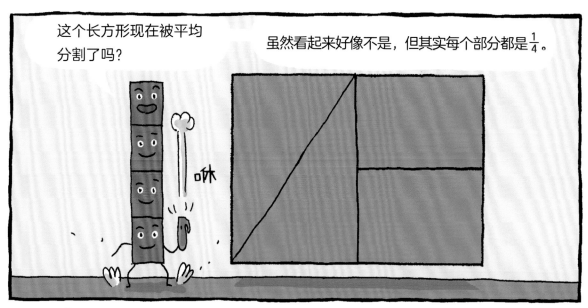

这个长方形现在被平均分割了吗?

虽然看起来好像不是,但其实每个部分都是 $\frac{1}{4}$。

咻

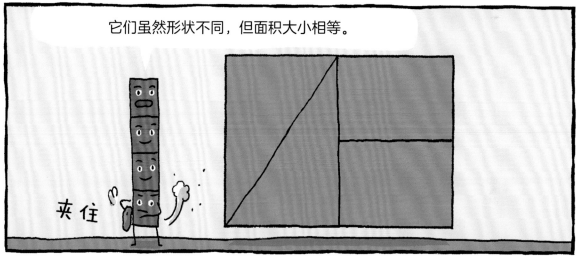

它们虽然形状不同,但面积大小相等。

夹住

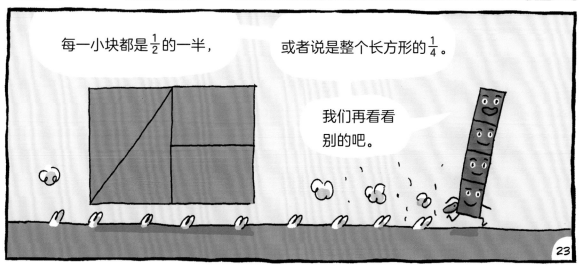

每一小块都是 $\frac{1}{2}$ 的一半,

或者说是整个长方形的 $\frac{1}{4}$。

我们再看看别的吧。

这一课学会了数形结合的数学思维,放松一下小脑袋吧。

第8课　分数比大小

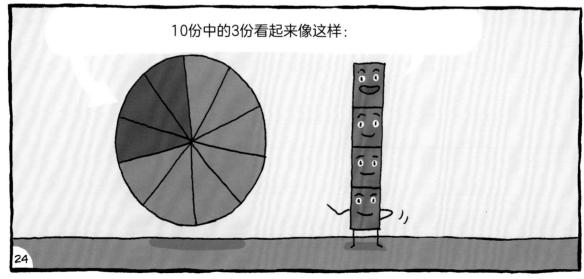

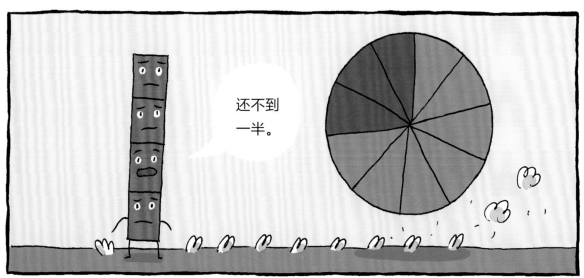

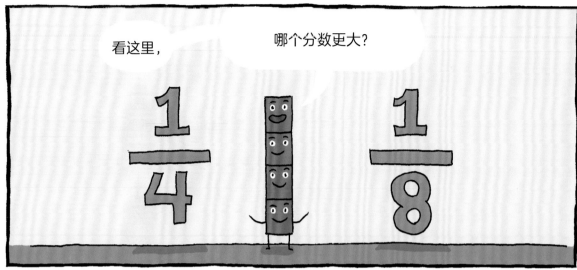

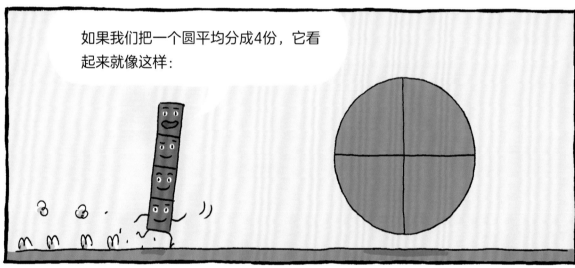

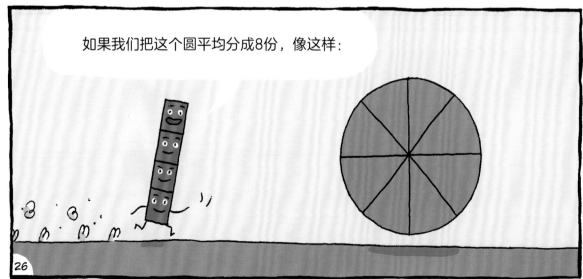

很容易看出，$\frac{1}{4}$ 比 $\frac{1}{8}$ 大。

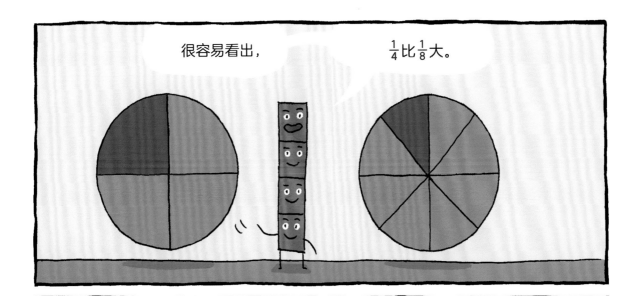

想象一下分比萨，或者其他可以平均分配的东西。

4个人分比萨，每个人拿到的会比8个人分的要大。

$\frac{1}{4}$ 大于 $\frac{1}{8}$，因为 $\frac{1}{4}$ 分的份数更少。

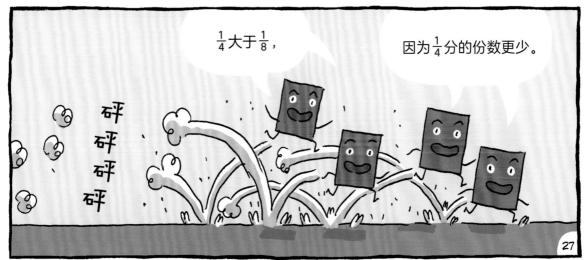

砰
砰
砰
砰

恭喜你学会了比较分数的大小，可以休息一下了。

你可以用我们来描述所有事物。

所以别忘了，如果你要表示某个整体的一部分，

甚至是那个整体，

就用上我们吧！

我们是分数线。

加油，还有生活中的分数小课堂等着你。

附录　分数的基本规律

这张图能帮你理解一些普通分数。请记住，分数表示整体的一部分。

分数		读法	
	1		一
	$\dfrac{1}{2}$		二分之一
	$\dfrac{1}{3}$		三分之一
	$\dfrac{1}{4}$		四分之一
	$\dfrac{1}{5}$		五分之一
	$\dfrac{1}{6}$		六分之一
	$\dfrac{1}{7}$		七分之一
	$\dfrac{1}{8}$		八分之一
	$\dfrac{1}{9}$		九分之一
	$\dfrac{1}{10}$		十分之一

互动小·课堂

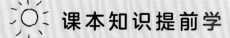

课本知识提前学

☆ 本书从认识分数开始，让孩子循序渐进地学会读写分数、比较分数的大小。

☆ 在讲述分数的过程中，融入了数形结合的思想，提供学习数学的新思路。如，在比较分数大小时，通过比较图形阴影部分的面积，更直观地看出分数大小。

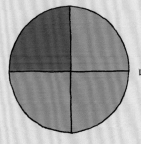 $\dfrac{1}{4}$
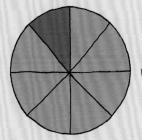 $\dfrac{1}{8}$

★ 这些内容是对三年级数学教材中分数部分的补充与提升。

生活中的分数小课堂

☆ 吃比萨饼时数一数比萨饼一般分成几块，爸爸妈妈和你分别吃了整个比萨饼的几分之几呢？可以把这几个分数按照大小顺序排列吗？

☆ 想一想，生活中还有什么地方出现了分数呢？给爸爸妈妈讲一讲这些分数的实际意义吧。

图书在版编目（CIP）数据

数学小天才的一年级预备课. 分数 / （美）约瑟夫·米森（Joseph Midthun）文 ;（美）萨缪·希提（Samuel Hiti）图 ; 仇韵舒译. —— 上海：文汇出版社，2020.12

ISBN 978-7-5496-3334-0

Ⅰ. ①数… Ⅱ. ①约… ②萨… ③仇… Ⅲ. ①数学—儿童读物 Ⅳ. ①O1-49

中国版本图书馆CIP数据核字（2020）第187239号

中文版权©2020读客文化股份有限公司
经授权，读客文化股份有限公司拥有本书的中文（简体）版权
图字：09-2020-794

数学小天才的一年级预备课. 分数

作　　者 / [美] 约瑟夫·米森（文）
　　　　　　 [美] 萨缪·希提（图）
译　　者 / 仇韵舒

责任编辑 / 文　荟
特邀编辑 / 赵佳琪　　蔡若兰
封面装帧 / 吕倩雯
内文排版 / 徐　瑾

出版发行 / 文汇出版社
　　　　　　 上海市威海路755号
　　　　　　 （邮政编码200041）
经　　销 / 全国新华书店
印刷装订 / 北京盛通印刷股份有限公司
版　　次 / 2020年12月第1版
印　　次 / 2020年12月第1次印刷
开　　本 / 787mm×1092mm　　1/16
总 字 数 / 16千字
总 印 张 / 12
ISBN 978-7-5496-3334-0
定　　价 / 150.00元（全6册）

侵权必究
装订质量问题，请致电010-87681002（免费更换，邮寄到付）